Manfred Theisen
geboren 1962, studierte Germanistik, Anglistik und Politik und arbeitete unter anderem als Redakteur einer Tageszeitung. Heute lebt er als freier Autor mit seiner Familie in Köln.

Markus Grolik
geboren 1965, lebt in München. Er illustriert und schreibt seit vielen Jahren Kinderbücher. Im Sauerländer Programm erschienen von ihm u. a. die beliebten Abenteuer des Privatdetektivs Perry Panther und zuletzt „Wie Prinzessin Ludmilla den Drachen eroberte".

Manfred Theisen

Der kleine Astronaut

Mit vielen Bildern von Markus Grolik

Sauerländer

In der Reihe *frechdachs* sind außerdem erschienen:

Ingrid Uebe: Jakob und die Wassernixe · ISBN 978-3-7941-6127-0

Sylvia Heinlein: Sammy jagt die Minimonster · ISBN 978-3-7941-6116-4

Saskia Hula: Der Lesemuffel · ISBN 978-3-7941-6090-7

Saskia Hula: Lola und die Buchstabentage · ISBN 978-3-7941-6122-5

Gudrun Mebs: Mariemoritz · ISBN 978-3-7941-6088-4

Gabi Neumayer: Die Schatzsuche im Wald · ISBN 978-3-7941-6117-1

Christine Nöstlinger: Mini ist die Größte · ISBN 978-3-7941-6104-1

Christine Nöstlinger: Mini unter Verdacht · ISBN 978-3-7941-6111-9

Eva Polak: Malins Heldentaten · ISBN 978-3-7941-6121-8

Bettina Wenzel: Wie Prinzessin Ludmilla den Drachen eroberte
ISBN 978-3-7941-6100-3

Bibliografische Information der Deutschen Nationalbibliothek
Die Deutsche Nationalbibliothek verzeichnet diese Publikation
in der Deutschen Nationalbibliografie;
detaillierte bibliografische Daten sind im Internet
über http://dnb.d-nb.de abrufbar.

Die Illustration für das Frechdachs-Logo zeichnete Chris Riddell.

Umschlaggestaltung: h.o.pinxit, Basel
unter Verwendung von Illustrationen von Markus Grolik
Printed in Austria
ISBN 978-3-7941-6099-0
www.sauerlaender.de

1.
Der kleine Astronaut will das Meer sehen

Wenn du in der Nacht durch das Fernrohr in die Zukunft guckst und es noch ein bisschen weiter ausziehst, siehst du auf einem Planeten einen Astronaut. Er ist kein normaler Astronaut, denn er ist sehr klein. Aber da oben erscheint dir alles ganz klein, es ist ja auch weit weg. Stellst du das Fernrohr scharf, so kannst du sein junges Gesicht erkennen. Wie wach seine Augen sind. Er trägt einen Helm und sein Raumanzug ist ohne einen einzigen Kratzer. Neben ihm steht sein Raumschiff und zu seinen Füßen sitzt sein treuer Kater Sigur. Jeder kleine Astronaut dort oben erhält bei seiner Geburt neben den Eltern eine Weltraumkatze.

Solche Katzen wissen viel. Manchmal ahnen sie noch etwas über die Zeit, als ihre Vorfahren mit den Menschen auf dem schönen blauen Planeten lebten, den sie Mutter Erde nannten. Sigurs Fell ist kurz und hell und hat braune Flecken, doch sein Raumanzug ist lila wie der des Astronauten. Er ist ein vorsichtiger Kater und klug. Sogar klüger als die Eltern des kleinen Astronauten, die gleich auf dem Nachbarplaneten leben. Sigur hat keine Flügel und ist doch so etwas wie ein Schutzengel für den Astronauten. Der Kater weiß, wie schön und wichtig all das ist, was man hat, und wie dumm es ist, noch mehr haben zu wollen. Für ihn gibt es deshalb nichts Schöneres, als auf seiner flauschigen Decke in der gemütlichen Raumstation zu liegen, und er hasst nichts mehr als Unordnung.
Wie jeden Morgen kreiste der kleine Astronaut auch an diesem sonnigen Morgen vor dreiunddreißig Tagen in seinem Raumschiff dreimal um seine Station mit der Flagge. Auf der Fahne ist sein Planet zu sehen: rund und von einer Schale umgeben, die aussieht wie die einer Apfelsine. Es ist ein hübscher Planet und er heißt XF3. Und wenn der Astronaut auf und ab hüpft auf XF3, so federt er leicht, als

würde er auf dem Rücken eines Wales tanzen. Man kann auf der Fahne sogar die kleine Station erkennen, vor der der kleine Astronaut mit dem Raumschiff gerade landet, als unsere Geschichte beginnt. Wie gesagt, das ist jetzt schon dreiunddreißig Tage her.

Die beiden saßen in der Station und der kleine Astronaut langweilte sich wieder mal schrecklich. Denn es passierte einfach nichts Abenteuerliches auf seinem Planeten. Ein Tag war wie der andere. Er aß lustlos sein Frühstück, das aus drei Pillen bestand. Da sagte der kleine Astronaut plötzlich zu seinem Kater: „Ich habe es satt, morgens und abends und morgens und abends meine Kreise um die Station zu ziehen. Ich will etwas erleben und nicht nur auf der Schale unseres Planeten herumhüpfen. Ich will in den Weltraum und die fremden Welten entdecken, die ich von hier aus nicht sehen kann.“

„Das solltest du nicht sagen. Im Weltraum ist es gefährlich. Denk nur an die Schwarzen Löcher, die alles fressen, was ihnen zu nahe kommt.“

„Pah, ich habe keine Angst vor ihnen. Die Schwarzen Löcher kann man ja nicht einmal sehen. Sie sind feige. Mich werden sie nicht zu fassen kriegen."
Sigur schlug die Pfoten über dem Kopf zusammen. „Das macht sie doch gerade so gefährlich. Du erkennst sie erst, wenn es zu spät ist. Die Schwarzen Löcher haben schon so viele Sonnen gefressen, da werden sie sicher noch spielend einen Astronauten verdauen. Die sind wie riesige unsichtbare Strudel im Meer, die dich in die Tiefe ziehen."
„Was für ein Meer?" Der kleine Astronaut wusste nicht, was das Meer war, denn auf seinem Planeten gab es keins.
„Du musst nicht wissen, was ein Meer ist. Es würde dir ohnehin nicht schmecken, es ist viel zu salzig."
„Ich will es aber wissen."
„Vielleicht lernst du es ja kennen, wenn die Zeit gekommen ist."
Der Astronaut schaute auf sein Essen. Die drei Pillen glänzten wie polierte Murmeln auf dem Tisch: eine grüne fürs Wachstum, eine braune fürs Sattwerden und eine hellblaue Schulpille. Mit dieser gelangten all die Schulfächer, ob Mathematik oder Sternenkunde,

Biologie oder Astronautensprache, schwuppdiwupp und ohne Nebenwirkungen von der Hand durch den Mund in den Verstand. Einfach essen und schon war er wieder ein Stückchen klüger und erwachsener.

„Du musst nur warten, bis dir der Tisch die Schulpillen gibt, die tief im Innern deines Planeten stecken“, sagte Sigur. „Dann wirst du es wissen.“

Unter der Oberfläche des Planeten gab es tausende Pillen, die der Tisch nach und nach zum Frühstück und zum Abendessen aus der Tiefe heraufholte. Mittagessen war nicht dabei, da die Tage zu kurz waren. Schließlich gab es drei Sonnen am Himmel des Planeten, die nacheinander aufgingen. Da wollte jede einmal Tag und einmal Nacht machen.

„Schmecken die Pillen tief im Innern genauso wie diese hier?“

„Wahrscheinlich. Du hast doch sowieso keinen Geschmack.“

„Warum eigentlich nicht?“

„Wozu? Früher gab es leckere und weniger leckere Sachen. Mit dem Geschmack konnte man sie voneinander unterscheiden. Später schafften es die Astronauten nur noch, leckere Dinge zu machen. Seitdem brauchen wir keinen Geschmack mehr. Denn wenn alles lecker ist, schmeckt alles gleich. Das ist ein Gesetz."

„Das ist langweilig."

„Das wollten die Astronauten aber so. Jetzt kannst du dich nicht mehr darüber beklagen."

„Ich würde gern etwas schmecken."

„So eine Dummheit", sagte der Kater und schüttelte den Kopf. „So eine Dummheit."

Der Astronaut schob sich die Schulpille in den Mund, nahm sie zwischen die Zähne und biss zu. Kein Geräusch. Die Kugeln machten nie Geräusche. Es war stummes Essen. Er hatte keine Ahnung, wie es klingt, wenn eine Knackwurst knackt oder ein Salatblatt im Mund knirscht!

„Ich will nicht jeden Tag hier in meiner Station sitzen, Löcher in den Weltraum starren und nur darauf warten, bis ich endlich ein großer Astronaut bin."

„Deine Eltern haben es auch so gemacht", sagte Sigur, nahm seine Kugel aus dem Napf und schluckte sie herunter. „Guck sie dir doch an, deine Eltern. Sie sitzen vor ihrer blauen Station auf ihrer hübschen Holzbank und haben eine Hand, die sie halten können. Deine Eltern sind glücklich."

„Mag sein. Aber ich, ich will das Meer sehen." Mit

diesen Worten schlüpfte er in seinen Raumanzug, den er eben zum Essen an die Garderobe gehängt hatte, und befahl Sigur: „Komm. Wir fliegen los!“ Der Kater murrte, redete auf den Astronauten ein, erklärte ihm, wie gefährlich das Leben dort draußen im All sei. Aber es half alles nichts, der Astronaut wollte ein Abenteuer.

2.
Ein Schwarzes Loch frisst alles

Der kleine Astronaut flog am Planet seiner Eltern vorbei. Vorn im Cockpit lag Sigur auf dem rot-gelb-grün-karierten Teppich. Von weitem sah der Astronaut durch sein Fernrohr, wie seine Eltern ihm durch ihr Fernrohr nachschauten. Sicher wunderten sie sich. Wo wollte ihr Sohn bloß hin? Einen so großen Bogen war er noch nie geflogen. Er winkte ihnen fröhlich zu und rief: „Ich komme bald wieder!" Sie konnten ihn natürlich nicht hören, obwohl es im Weltraum keine Hindernisse gibt, die den Schall der Worte stoppen.

Der kleine Astronaut flog immer dicht hinter der Lichtgeschwindigkeit her und fragte Sigur: „Wo liegt das Meer? Wie weit ist es noch bis dahin?"

„Lass mich schlafen", sagte Sigur. „Es ist ein endlos langer Weg. Wir müssen erst an all den Planeten vorbei, auf denen die anderen kleinen Astronauten und ihre Eltern leben."

Als sie die Galaxie hinter sich hatten, wurde es dunkel. Die Lichter der nächsten Sterne lagen noch so viele Lichtjahre entfernt, dass sie das Raumschiff nicht erreichen konnten. Unser kleiner Astronaut kam sich verloren vor wie ein Kind, das in der Nacht in seinem dunklen Zimmer aufwacht. Sigur schnarchte. Das zumindest beruhigte den kleinen Astronauten. Er legte seine Hand auf das weiche, warme Fell des Katers. Es war das erste Mal, dass er ihn streichelte, und es fühlte sich gut an. Da sein Raumschiff sich automatisch steuerte und das Universum ihm so unendlich vorkam, nickte er selbst auch bald ein.

Plötzlich fauchte Sigur laut auf, als sei ein Blitz in seinen Körper gefahren. Der kleine Astronaut zuckte vor Schreck in seinem Pilotensessel zusammen.

„Da, guck!“

„Was ist das?“, fragte der kleine Astronaut. Er sah Sterne, die gerade eben noch da gewesen waren und jetzt einfach im Nichts verschwanden.

„Ein Schwarzes Loch.“ Sigur schwitzte vor Angst. Er zeigte mit seiner Pfote auf den Punkt, wo er das Loch vermutete. Die Sterne, die gerade verdaut wurden, blitzten noch einmal kurz auf, ehe sie starben. Sigur und der kleine Astronaut starrten gebannt auf den tödlichen Strudel.

„Flieg zurück, kleiner Astronaut! Wir müssen weg

hier! Weg! Das Loch ist wie der Rachen eines Löwen. Wir müssen wieder nach Hause. Da sind wir sicher."
„Ist das jetzt ein Abenteuer? Erleben wir jetzt etwas?"
„Ja!", rief Sigur. „Das ist ein Abenteuer, nur ist es leider auch gleich unser letztes. Keiner weiß, was passiert, wenn man in ein Schwarzes Loch gerät."
„Warum hast du dann Angst davor?"
„Weil alles passieren kann. Flieg zurück!"
Doch sie waren schon in den Strudel vom Schwarzen Loch geraten. Der kleine Astronaut ließ die Maschine mit aller Kraft gegen den Sog arbeiten. Zu spät. Es gab kein Halten mehr. Gemeinsam mit einem

Planeten, der aussah wie eine riesige erloschene Glühbirne und auf dem sandfarbene Würmer lebten, wurden sie ins Loch gezogen. Sie drehten sich schnell und schneller. Zudem drückte etwas auf die Außenhaut des Raumschiffs.
„Wir werden zerquetscht!“, schrie Sigur panisch.
Das Raumschiff ächzte und stöhnte wie ein alter Sessel und der Astronaut hatte zum ersten Mal in seinem Leben ein wenig Angst. „Ich spüre etwas“, sagte er.
„Du bist verrückt“, entgegnete ihm Sigur. „Du bist verrückt. Warum konnte ich keinen normalen kleinen Astronauten bekommen, auf den ich aufpassen muss?“
Das Raumschiff wirbelte umher und dann war es mit einem Mal ganz still um sie herum. Als wäre nichts geschehen.

3.
Unheimliche Astronautenspuren

Dem Kater und dem kleinen Astronauten war noch ganz schwindelig, als sie auf der anderen Seite des Schwarzen Lochs Sterne sahen. Und Monde! Und Planeten! Es sah unglaublich aus. Endlos und weit. Gerade steuerten sie auf einen Mond zu, der um einen Planeten kreiste, der sich wiederum langsam um eine Sonne drehte.
„Sei vorsichtig", warnte Sigur den kleinen Astronauten.
Sanft landete das Raumschiff, wie eine Feder, die langsam zu Boden sinkt. Die Luke öffnete sich mit einem leisen Zischen und sowohl der Kater als auch der kleine Astronaut liefen die Treppe hinab.
Sigur schaute verwundert auf die Fußabdrücke vor ihnen im Staub. Sie führten zu einem Krater. „Sind die auch von einem Astronauten?"
Der kleine Astronaut schüttelte den Kopf unter seinem Helm. Er konnte sich nicht vorstellen, dass irgendeiner seiner Astronautenvorfahren jemals hier gewesen sein sollte. Davon hätte er bestimmt schon etwas gehört.

„Wir sollten zum Raumschiff zurückkehren“, sagte Sigur. „Wer weiß, wo die Spur hinführt. Vielleicht ein Monster.“
„Mit Astronautenfüßen?“, fragte der kleine Astronaut ungläubig.
Tatsächlich. Da war kein Monster hinter dem steinernen Hügel im Krater, dort steckte ein Stock im Staub und daran hing eine Flagge.
„Wer hat hier so etwas aufgestellt?“, fragte der kleine Astronaut.
Sigur fauchte. „Wir sollten zurück ins Raumschiff. Das hier hat nichts Gutes zu bedeuten. Vielleicht gehört jemandem dieser Mond. Und vielleicht will er nicht, dass wir hier sind. Wir müssen weg.“
„Stimmt. Lass uns dorthin fliegen.“ Dabei zeigte der kleine Astronaut auf den nächsten Planeten, der blau, weiß, braun und riesig über ihren Köpfen im All schwebte.
„Nein.“

„Doch, Sigur. Wir sollten zu diesem blauen Planeten. Dort finden wir sicher die Lösung für die Flagge. Ich spüre es."

„Du musst verrückt sein."

4.
Das All ist verschwunden

„Sieh, wie hübsch“, sagte der kleine Astronaut, als sie sich dem Planeten näherten. „Dort unten gibt es Berge und Täler und dieses unendlich tiefe Blau. Wunderschön.“

„Das ist eine Falle. Man will uns anlocken.“

Der kleine Astronaut hörte nicht auf seinen ängstlichen Kater. Er wollte auf der blauen gewellten Fläche landen.

Da meldeten ihm die Raumschifffüße:

Kein festes Material.

Wir werden versinken!

Er flog also weiter, bis das Raumschiff festen Boden unter den Füßen hatte und landen konnte. Der kleine Astronaut und sein Kater setzten ihre Helme auf und kletterten vorsichtig hinaus. Grün. Alles war mit kurzen grünen Haaren bedeckt.

„Das ist jetzt ein Abenteuer“, sagte der kleine Astronaut. „So viele verschiedene Grüntöne habe ich noch nie gesehen.“

„Mag sein. Ich hab die Abenteuer lieber in Pillenform“, sagte Sigur.

„Aber sieh dir das herrliche Grün doch erst mal an."
Der kleine Astronaut hockte sich hin und strich über das Gras. „Diese grünen Haare sind weich", sagte er. „Weich und hübsch."
„Ja, es ist alles sehr hübsch hier. Das gebe ich zu. Irgendwie erinnert es mich an irgendetwas, und mir wird sogar ein wenig warm ums Herz. Doch das muss alles schon so lange her sein, denn –"
Der kleine Astronaut legte seinen Kopf in den Nacken: „Und dieses helle Blau. Sieh nur. Wenn wir von unserem Planeten nach oben gucken, sehen wir ins Schwarze. Hier ist alles blau."
Der Kater überlegte. Wo waren all die Sterne hin? Wo das Universum? Das ganze All war verschwunden.
Die beiden liefen über die Wiese auf einen Wald zu.
„Mein Bauch tut weh", sagte der kleine Astronaut.
„Ich bin sicher krank von der Wirbelei im Schwarzen Loch."
„Du hast nur Hunger."
„Was ist das?"
„Na, die Bauchschmerzen. Du kennst keinen Hunger, weil du zu Hause den Tisch und die Pillen hast. Bauchschmerzen bekommt man, wenn man krank ist

oder zu viel isst oder zu wenig gegessen hat. Du hast seit Tagen gar nichts mehr gegessen, deshalb hast du Hunger. Gerade bei einer Reise ist der Hunger am größten."
„Was kann ich dagegen tun?"
„Deine Pillen nehmen."
„Die haben wir nicht dabei." Der kleine Astronaut schaute sich um, überlegte, was er essen könnte. Vielleicht etwas von diesen Gewächsen? Er wusste nicht, dass diese Riesen vor ihm Bäume waren. Aber er ahnte, dass sie nicht besonders schmeckten. Wie sollte er die Rinde, die Nadeln oder Blätter überhaupt durch seinen Helm in den Mund bekommen? Das ging alles nicht. Sein Magen knurrte, wie sonst nur Sigur knurrte, wenn er schlecht gelaunt war. „Deshalb müssen wir sofort zurückfliegen", erklärte der Kater.
„Zurück ist immer die falsche Richtung, Sigur. Wir wissen doch, was uns dort erwartet: unser Raumschiff. Und wir wissen, dass es darin auch nichts zu essen gibt. Und bis wir endlich zu unserem Planeten zurückgeflogen sind, hat mich mein Magen selbst verspeist. Wir müssen nach vorn, denn nur nach vorn bringt uns weiter."

Die beiden gelangten auf einen Hügel. Von dort blickten sie hinab ins Tal. Es gab eine Weide mit Kühen, die in der Sonne grasten. Der kleine Astronaut kannte diese großen gefleckten Tiere nicht. Aber er mochte sie gleich, weil sie so lustig mit ihren langen Zungen das Gras umfingen, es damit ausrupften und es wieder und wieder kauten. Im Tal standen viereckige steinerne Gegenstände mit schwarzen und roten Dächern. Raumstationen, dachte der kleine Astronaut. Die Wesen, die dort lebten, trugen keine Helme und keine Raumanzüge. Stattdessen liefen sie ungeschützt mit kurzen Ärmeln und kurzen Hosen herum. Sie hatten genau wie der kleine Astronaut Arme und Beine, einen Kopf und zehn Finger. Einige der kleineren Wesen rannten einer runden Kugel hinterher. Jeder wollte sie haben. Wenn einer sie hatte, dann schoss er sie von sich weg. Die Kugel war schwarz und weiß und so groß wie ein Astronautenhelm.

„Können wir auch unsere Helme abnehmen? Was meinst du?“

Die Katze blickte skeptisch drein. „Lieber nicht. Wir werden ersticken.“

Die beiden schlichen sich den Berg hinunter. Die Wesen sollten sie nicht entdecken. „Wer weiß“, sagte der Kater. „Es ist möglich, dass sie ansteckende Krankheiten haben.“

Da flog ihnen schon die Kugel entgegen und landete genau in dem Gebüsch, hinter dem sie sich gerade versteckt hatten. Kurz darauf kam ein Mädchen. „Was macht ihr denn hier?“, fragte sie Sigur und den kleinen Astronauten. „Habt ihr meinen Ball gesehen?“

Sie mussten wohl ein bisschen komisch wirken in ihren Raumanzügen, wie sie so hinter dem Busch hockten.

Der kleine Astronaut sah das Wesen erstaunt an. Es trug ein buntes Blumenkleid. Es musste krank sein, denn seine

Haare waren lang. In der Welt des kleinen Astronauten hatte keiner lange Haare. Sie waren unnütz und störten unterm Helm. Alle schoren sich daher jeden Morgen vor dem Zähneputzen den Kopf, außer, sie waren krank und durften nicht nach draußen vor die Station. Dabei erinnerte sich der kleine Astronaut daran, dass er sich in den vergangenen Tagen seinen Kopf auch nicht rasiert hatte. Er hatte es auf der Reise einfach vergessen.
„Ich komme vom Planeten XF3“, sagte der kleine Astronaut. „Hinter dem Schwarzen Loch.“
Das Mädchen schwieg. Ehe sie etwas sagen konnte, hörten die drei ein Rufen: „Wo bleibt die Pille!?“
Das Wort Pille kannte der kleine Astronaut und fragte: „Sind das eure Pillen?“ Dabei zeigte er auf die Kugel.
„Nein, das ist ein Fußball.“
„Den esst ihr? Der ist doch viel zu riesig.“
„Essen?“, lachte das Mädchen. „Ihr wollt mich veralbern. Wir essen Gemüse oder Fleisch oder Brötchen, aber keine Fußbälle, höchstens Fleischbällchen.“

„Kenn ich nicht, diese Fußbälle", bemerkte Sigur. Das Mädchen erschrak. Was war das? Eine sprechende Katze in einem Raumanzug?
„Was treibst du da? Wo bleibt der Ball?", rief die Stimme von fern wieder. Sie war dunkel und frech und gehörte zu Alex. Das Mädchen nahm den Ball hoch und schoss ihn zu den anderen zurück.
„Wo gibt es hier bitte etwas zu essen?", fragte der kleine Astronaut.
„Hast du Hunger?"
„Und wie."
Sigur sah verschämt weg. Ihm war das laute Magenknurren des kleinen Astronauten peinlich.
„Komm endlich!", schrie Alex, der nicht das Mädchen, nicht den kleinen Astronauten und nicht den Kater hinter dem Busch sehen konnte, sondern nur den Ball beachtete, den er jetzt auf seinem Kopf balancierte.
„Ich komme gleich!", rief sie.
„Was ist denn da los?!"
„Nichts, nichts!"
Da spielten Alex und die anderen weiter.

„Ich heiße Paula", sagte das Mädchen. „Und ihr?"
Der kleine Astronaut zeigte auf seinen Raumanzug. Darauf war die Flagge mit seinem Planeten und der Raumstation zu sehen. „Einen Namen habe ich nicht", erklärte er. „Wir leben immer alleine oder zu zweit auf unseren Planeten. Da brauchen wir keine Namen. Nur unsere Katzen, die haben Namen." Er sah zu seinem Gefährten hinunter und sagte: „Und mein Kater heißt Sigur."
Paula nickte. „Okay", sagte sie und nannte den kleinen Astronauten fortan nur „kleinen Astronauten". „Wenn du Hunger hast, dann helfe ich dir natürlich."
„Du hast doch gesagt, dass du zu den anderen zurückgehst?"
„Das mache ich ja auch – später. Jetzt schleichen wir uns erst mal zu mir nach Hause, damit du satt wirst. Das ist wichtiger."

5.
Und das kann man essen?

„Ihr müsst euch unauffällig verhalten, sonst werden uns die Leute ausfragen. Solche Wesen wie ihr sind hier unbekannt."

„Welche Wesen?"

„Na ja, solche wie du, kleiner Astronaut. Und dein Kater auch. Wir kennen keine Katzen in Raumanzügen. Wir kennen nur welche auf vier Pfoten, die ein Fell haben. Ab und an gibt es mal einen Hund, der im Winter ein Jäckchen trägt."

Gerade als der kleine Astronaut fragen wollte, was ein Hund sei, rannte einer auf die drei zu: Es war der Mops von Alex, ein frecher Kerl mit weißen und schwarzen Flecken, der aussah wie eine Kuh, die in eine Presse geraten war und danach einen eckigen Hundekopf bekommen hatte. Er bellte so laut und wild er nur konnte.

Sigur verstand das Bellen nicht und der Mops begriff nicht, warum der Kater mit der durchsichtigen Murmel auf dem Kopf nicht sofort das Weite suchte. Er war baff und bellte weiter und weiter.

Weil Mops nicht weichen wollte, schritt der kleine Astronaut auf ihn zu und sagte ruhig: „Geh, bitte." So merkwürdig es klingen mag, Mops gehorchte. Denn so freundlich war noch niemand zu ihm gewesen. Das schockierte ihn. Er lief verstört zurück zu seinem Herrchen auf den Bolzplatz.
„Poh", stieß Paula aus. „So habe ich die Töle noch nie rennen sehen. Das liegt sicher an deinem Raumanzug. Was kannst du sonst noch mit dem Ding, außer Hunde verschrecken?"
„Na ja, er hält warm bei ganz kalten Temperaturen, wie sie nur im Weltraum herrschen. Und er hält den Körper kühl bei Hitze, wenn ich zu nah an einer Sonne vorbeikomme. Und ich kann natürlich ein bisschen damit fliegen."
„Wie?", wollte Paula wissen.
Er zeigte auf ein paar winzige Düsen an seinem Anzug, an den Ärmeln, unterhalb der Füße, an der Brust und am Rücken.
„Habt ihr bei euch auch eine Sonne?"
„Wir haben drei Sonnen, die scheinen."

„Das wäre was für Alex, den Angeber. Drei Sonnen und alle nur für ihn."
„Wenn du durch den Weltraum fliegst, siehst du Millionen von Sonnen, um die sich noch mehr Planeten drehen – genau wie euer Planet. Die meisten sind langweilige, unbewohnte Steinhaufen. Nur auf Sigurs Stern, da gibt es Katzen. Sie leben in Schwärmen und sind unsere Schutzengel. Jeder Astronaut bekommt einen. Sie sehen alle aus wie Sigur. Die kleinen Astronautenmädchen bekommen Katzen, die kleinen Astronautenjungs Kater, weißt du –"
„Aber es gibt Ausnahmen", fiel ihm Sigur ins Wort. Gerade als Sigur das mit den Ausnahmen genau erklären wollte, unterbrach ihn Paula und sagte erstaunt: „Engel? Meine Mama sammelt Engel", sagte Paula. „Die sind aus Porzellan, Holz, aus Ton oder Gips. Egal, Hauptsache Engel. Aber keiner sieht aus wie Sigur." Dann stockte Paula und sah Sigur lächelnd an: „Ne, hör auf, du willst mich nur veralbern. Engel? Du bist doch kein Engel. Hahaha."
„Was ist veralbern?", fragte der kleine Astronaut.

Paula ging mit ihren beiden Freunden nicht über die Straße, sondern sie schlich mit ihnen durch die Gärten der Nachbarhäuser zum Haus ihrer Eltern. Dort liefen sie über einen schmalen Pfad, vorbei am Zierteich, in dem Karpfen in der sengenden Sonne nach Luft schnappten. Der kleine Astronaut wunderte sich über das längliche rot-weiße Tier in der Flüssigkeit, aber Paula nahm ihn an der Hand und sagte: „Komm! Ehe uns jemand entdeckt!“ Sie führte ihn mit sich zur Terrasse und schlüpfte unbemerkt durch die gläserne Tür hinein ins Wohnzimmer.
„Mensch, schnell, Mama kommt gleich“, drängte Paula, als der kleine Astronaut nun im Flur ein Foto betrachtete. Es waren so viele neue Dinge, die er auf diesem Planeten entdeckte. Das Foto zeigte einen Mann und eine Frau und Paula. Merkwürdig. „Das sind Mama und Papa. Da waren wir in den Ferien in Spanien“, erzählte Paula hastig. Was Spanien war, wusste selbst der Kater nicht. Was Ferien waren, wusste er auch nicht, denn auf ihrem Planeten gab es keine Ferien, weil niemand mehr Arbeiten oder zur Schule ging.
In der Küche sagte Paula: „Setzt euch hin“, und zeigte

auf die Stühle am Tisch. Einen Tisch kannte der Astronaut. Es fehlte nur die Öffnung, aus der seine Pillen kamen, und es gab keine Mulde, in der die Pillen hätten liegen können. „Ich schau mal im Kühlschrank“, sagte sie, „ob wir noch Hähnchen haben. Das kannst du mit den Händen essen. Ihr kennt ja sicher keine Messer und Gabeln bei euch.“
Der Astronaut nickte verwirrt und sah zu, wie Paula einen länglichen weißen Kasten öffnete, in dem ein Licht brannte. Darin lagen unterschiedlich geformte grüne, rote und gelbe Dinge, die Paula „Paprika, Tomaten und Gurken“ nannte. Dann zog sie einen Teller heraus und sagte: „Guckt mal. Glück gehabt. Noch ein halbes Hähnchen übrig.“ Sie stellte den Teller auf den Tisch. Sigur und der Astronaut sahen erstaunt das braune Ding auf dem Teller an.
„Worauf wartest du? Iss.“
„Was?“
„Na, das Hähnchen“, sagte Paula zum kleinen Astronauten.
Dieses braune glänzende Etwas sollte er essen?
Erst als sein Magen ihn wieder heftig anknurrte, wollte er zubeißen. Dazu musste er aber seinen Helm absetzen.

Sigur warnte: „Tu das nicht, du erstickst.“
„Hier im Haus ist die gleiche Luft wie draußen“, sagte Paula.
„Eben. Deshalb wird er auch hier drinnen ersticken. Wir brauchen nämlich Sauerstoff zum Leben.“
„Genau wie wir.“
Der Kater sah sie ungläubig an.
„Glaub es mir, kleiner Astronaut. Um uns herum gibt es so viel Luft wie ihr wollt. Wir auf der Erde haben überall Sauerstoff.“
Der Astronaut sah Paula an. Sie hatte vertrauenerweckende braune Augen und Grübchen neben den Mundwinkeln. Krank schien sie auch nicht zu sein. Im Gegenteil. Das Mädchen wirkte lebendig und gesund, obwohl sie lange Haare trug. Er überlegte. Wieder rief sein Magen. Da schraubte der kleine Astronaut den Helm ab. Zuerst traute er sich kaum zu atmen, doch schließlich schnappte er nach Luft, ganz kurz, und tatsächlich: Irgendwie hatten diese Wesen des blauen Planeten es geschafft, Luft in ihre Raumstationen zu füllen. Unglaublich. Dabei wirkten sie gar nicht so weit entwickelt.

Der kleine Astronaut riss beherzt einen Schenkel ab, biss hinein, kaute und … es schmeckte. Obendrein roch es gut. Das kam dem Astronauten seltsam vor. Essen mit Geruch? Wozu?
„Schmeckt's?", fragte Paula.
Er antwortete ihr nicht, sondern aß mit großem Appetit. Als nur noch das Gerippe übrig war, sagte Paula: „Stopp, das kannst du nicht essen, das ist gefährlich."
Sie gab ihm stattdessen eine Möhre.
Auch die aß er, obwohl ihm das laute Knacken fremd war. Und während der kleine Astronaut so zwischen Möhren und einem Glas Limo langsam satt wurde, kam er ins Plaudern und erzählte Paula von seinem Planeten, von dem Schwarzen Loch, seinen Eltern und ihrer blauen Station und seiner Landung auf dem Mond mit der merkwürdigen Flagge. Das Mädchen schaute ihn immer erstaunter an. Denn sie konnte einfach nicht glauben, dass sie hier wirklich mit einem außerirdischen Wesen und einer sprechenden Katze zusammensaß.
„Warum guckst du so?", fragte der kleine Astronaut.
Statt zu antworten, fragte sie nur: „Bist du satt?"
„Ja", erklärte er.

„Dann lass uns gehen. Ich will euch etwas zeigen, was ihr euch nicht vorstellen könnt, so schön ist es."
„Was denn?"
„Das muss man sehen und atmen. Es ist groß und mächtig, wie sonst nichts auf unserem Planeten."

6.
Sigur bekommt Jagdfieber

Sie kamen an Paulas Zimmer vorbei. Sigur lugte durch die Türöffnung: Lauter Wesen mit weichem Fell oder hellen langen Haaren hockten auf einem Bett.
„Das ist ja interessant. Was sind das für Geschöpfe?"
„Meine Puppen und meine Stofftiere."
„Sind sie lebendig?"
„Eigentlich nicht."
„Können wir sie mal näher ansehen?"
„Na, klar. Wenn ihr wollt."
Am Fußende des Bettes stand ein Käfig. Der Kater zeigte darauf: „Da ist eine besonders hübsche Fellpuppe drin."
„Das ist Samson, mein Meerschweinchen. Es schläft."
„Ich will zu ihm", sagte der Kater. Seine Augen glühten vor Aufregung.
„Nein, bleib hier, du bist eine Katze."
„Dürfen Katzen nicht zu Meerschweinchen?", wollte der kleine Astronaut wissen, während sich Sigur dem Käfig näherte – er schlich sich an wie ein Tiger.
„Wisst ihr eigentlich gar nichts? Dein Kater will ganz sicher mein Meerschweinchen fressen."

„Wie? Es lebt doch."
„Dein Hähnchen hat auch mal gelebt."
Da verlor Sigur die Fassung, er sprang auf Samsons Käfig. Er fletschte gierig die Zähne, aus den Mundwinkeln lief ihm Speichel. Das Meerschweinchen rannte in sein Holzhäuschen und kauerte sich dort, am ganzen Körper zitternd, zusammen.
„Komm her, du erschreckst Samson ja zu Tode!"
Paula griff Sigur am Raumanzug, packte ihn fest am Nacken und riss ihn hoch. Der Kater fauchte.
„Hey, Freundchen!", schrie Paula ihn an.
Da erst kam Sigur zur Besinnung.
„Was ist los mit dir?", wollte der kleine Astronaut von seinem Kater wissen.
Sigur war selbst überrascht von sich. „Weiß nicht". Es war ein Gefühl, das ganz tief aus seinem Inneren kam. „Ich wollte das Meerschweinchen mit meinen Pfoten schlagen und fressen. Mir ist ganz heiß, ich glaube, ich hab Fieber."
„Das ist Jagdfieber", erklärte Paula. „Nichts weiter. Du bist eine Katze, und Katzen fressen nun mal Mäuse und leider auch Meerschweinchen. Das Töten ist die Natur der Katzen."

„Woher weißt du das alles über mich?"
„Das weiß doch jeder", sagte Paula. „Jedes Kind weiß, dass Katzen so richtig lebendig werden, wenn sie das Jagdfieber packt."
„Hallo, Liebes, spielst du mit deinen Freunden Astronaut?"
Die drei zuckten zusammen. Paulas Mutter. Keiner hatte sie kommen hören. Sie war schlank und groß wie ein Leuchtturm.
„Ja, wir spielen Mondlandung", sagte Paula. „Deshalb haben meine Freunde Raumanzüge an."
Paulas Mama nahm ihre Tochter in den Arm und gab ihr einen Kuss auf die Wange. Der Astronaut musste an seine Eltern denken. Er vermisste sie, obwohl er sie nie küssen, nicht einmal in den Arm nehmen konnte, weil sie ja auf ihrem eigenen Planeten lebten. Doch es war so ein schönes Bild, wie Paulas Mutter nun ihre Tochter an sich drückte.
„Habt ihr denn schon eure Fußabdrücke da oben im Staub auf dem Mond hinterlassen?"
„Hast du gehört, was die Mutter gesagt hat?", flüsterte der Kater. „Daher sind also die Fußabdrücke, die wir gesehen haben. Weißt du noch? Vielleicht halten sie auch irgendwo hier auf ihrem

Planeten Astronauten von uns gefangen. Lass uns verschwinden."
Der kleine Astronaut fragte Paulas Mutter: „Halten Sie Astronauten gefangen?"
Sie lachte: „Das ist eine lustige Idee", sagte sie. „Ob wir Astronauten gefangen halten. Das ist wirklich witzig."
„Woher ist die Flagge mit den Streifen und den Sternen auf dem Mond?", fragte der kleine Astronaut.
„Von den Amerikanern", warf Paula ein. „Sie sind vor vielen Jahren auf den Mond geflogen."
„Was ist ein Amerikaner?"
Paulas Mutter lachte wieder. Sie konnte nicht glauben, dass der Junge im Raumanzug nicht wusste, was ein Amerikaner ist. Sie hielt ihn für einen witzigen Kerl, der sie veralbern wollte. Und der kleine Astronaut? Was dachte er über die Menschen? Er fand, dass diese netten Wesen, die hier auf dem Planeten lebten, zwar aussahen wie Astronauten, aber ganz anders waren als er. Denn sie spielten Ball, aßen merkwürdige Dinge und nahmen sich gegenseitig in den Arm.
„Na, dann viel Spaß noch im All", wünschte ihnen die

Mutter. „Vergesst aber nicht eure Schulbücher mit in die Unendlichkeit zu nehmen“, ergänzte sie und sah Sigur noch einmal verwundert an. Wo hatten die Kinder nur das tolle blaue Kostüm für die Katze aufgetrieben?
„Puh, da haben wir Glück gehabt“, meinte Paula.
„Was ist das?“, fragte der kleine Astronaut.
„Was meinst du?“
„Na, ein Schulbuch?“
Paula nahm ihr Mathematikbuch vom Schreibtisch und drückte es dem kleinen Astronauten in die Hand.
„Was macht man damit?“
„Man liest es.“ Paula las eine schwierige Textaufgabe vor: „Neunundachtzig Affen sitzen auf einer Insel. Jeder Affe hat zwölf Läuse. Wie viele …?“
Sigur sprang auf den Schreibtisch und schaute Paula ungläubig über die Schulter. „Das steht da?“
„Habt ihr denn keine Bücher bei euch?“
Sigur sagte: „Nein.“
Der kleine Astronaut nahm ein anderes Buch und hielt das offene Ende nach unten, schüttelte und schüttelte es, als erwarte er, dass die Buchstaben herausfallen. Dann hielt er das Buch an Sigurs Ohr. Doch der hörte auch nichts.

„Buuuuuch?“, sagte Sigur leise, so als würde er mit sich selbst sprechen. „Das Wort Buch kenne ich …“
„In einem Schulbuch steht, was wir wissen müssen, *um erwachsen zu werden*.“
Der kleine Astronaut schaute Sigur erstaunt an.
„Was guckt ihr so. Bücher gibt es doch schon immer. Normalerweise gehen alle Kinder morgens zur Schule – wenn nicht gerade Ferien sind wie jetzt – und da lernen wir lesen und schreiben und …“
„Habt ihr keine Schulpillen?“, fragte Sigur.
Paula schüttelte den Kopf.
„Ohne Pillen können wir nicht leben.“
„Mag sein“, sagte Paula. „Ich nehme nur Pillen, wenn ich krank bin. Und die schmecken nicht.“
„Ich mag meine Pillen auch nicht gerne“, bestätigte der kleine Astronaut.
„Weil du noch ein kleiner Astronaut bist“, fuhr der Kater dazwischen. „Später wirst du sie mögen. Sie geben dir Ruhe und Zufriedenheit.“
„Ruhe ist langweilig. Bist du etwa ein Langweiler?“
Paula klappte das Buch mit einem Knall zu.

Sigurs Schnurrbartspitzen waren für eine Sekunde eingeklemmt. Der Kater erschrak, und Paula sagte: „Da sind mir ja Max und Alex noch lieber als du. Ich hasse nichts mehr als Langeweiler."

Ehe Sigur etwas darauf antworten konnte, hörten sie, wie jemand die Haustür aufschloss.

„Hallo, Sabine!", rief eine Männerstimme fröhlich.

„Das ist Papa. Er ruft Mama, und er scheint gut gelaunt zu sein", erklärte Paula. „Gott sei Dank, denn gestern Abend haben sich die beiden gestritten."

„Gestritten?", fragte der kleine Astronaut.

„Ja, streiten. Wenn zwei Menschen eine unterschiedliche Meinung haben und sich anschreien."

„Und dann?"

„Weint einer oder sagt, dass der andere Recht hat oder beide versuchen einen Weg zu finden, damit beide Recht haben können. Aber das ist selten."

„Das ist komisch. Warum lässt der eine den anderen nicht in Ruhe, wenn er anders denkt."

Paula überlegte: „Weil ..., manchmal muss man andere Leute überzeugen, damit sie das tun, was man selbst will. Sonst tut ja jeder, was er will, und ohne sich zu streiten, kann man sich auch nicht wieder vertragen."

7.
Worüber Menschen lachen

„Essen!“, rief Paulas Mutter aus der Küche. „Kommt ihr essen, Kinder?“
Paulas Eltern saßen schon am Abendbrottisch. Es gab Markklößchensuppe, danach Fisch mit Salzkartoffeln und Brokkoli. Sigur schmeckte der Fisch so gut, wie ihm noch nie etwas in seinem Leben geschmeckt hatte. Ob so auch Meerschweinchen schmeckten?
Paulas Vater versuchte den kleinen Astronauten auszufragen. Er wollte wissen, was das „Kostüm“ – so nannte er den Raumanzug – zu bedeuten habe und wo er und der Kater wohnten. Paula stupste den kleinen Astronaut mit dem Fuß unter dem Tisch: „Psst, sei still.“ Es half nichts. Der kleine Astronaut erzählte frei heraus, dass er von einem fernen Planeten hinter einem Schwarzen Loch komme, Kater Sigur sein Gefährte sei, er ein Raumschiff

besitze, einen Planeten und seine eigene Station …
„Und wie heißt die Straße?“
Der kleine Astronaut guckte verdutzt.
„Na, die Straße, in der du wohnst?“ Paulas Vater schmunzelte. Er wollte Paulas Freund ein bisschen foppen. „Etwa Milchstraße?“
Jetzt kicherte auch Paula. Sie fand es lustig, was ihr Vater fragte.
„Es ist keine richtige Straße. Ich habe auch keine Hausnummer“, erklärte der kleine Astronaut ernst, der ja erst heute erfahren hatte, was überhaupt eine Straße ist. „Jeder bei uns weiß, auf welchem Planeten er lebt, denn auf unserer Flagge ist der Planet genau abgebildet, auf dem er lebt.“
„Und wie sieht dein Planet aus?“, fragte Paulas Mutter.
„Wie die Dinger dort drüben.“
Alle schauten zur Obstschüssel mit den Apfelsinen, und da lachte die ganze Familie über den kleinen Astronauten. Er verstand das nicht und fühlte sich plötzlich nicht mehr wohl in diesem Haus. Lachten Paula und ihre Eltern etwa über ihn?
„Ich muss zu meinem Raumschiff“, sagte er. „Ich will nach Hause.“

Paulas Vater nickte: „Sicher. Es ist ja schon spät und ein weiter Weg." Dann sagte er noch mit einem verschmitzten Lächeln: „Grüß uns die Sterne."

Paula lief den beiden hinterher. „Es tut mir leid. Wirklich. Meine Eltern und ich haben es nicht böse gemeint. Wir lachen manchmal über andere. Das tun alle. Aber ich mach's nicht mehr. Versprochen."
Der kleine Astronaut nickte. „Wir müssen trotzdem los. Ich weiß nicht, ob wir überhaupt den Weg zurück finden."
„Kommt noch mal kurz mit", sagte Paula. „Ich will euch doch was zeigen." Dann zischte sie plötzlich erschrocken. „Weg hier!"
Alex, Max und Mops kamen die Straße herauf und riefen: „Hey, wer seid ihr denn!?"
Paula rannte los.
„Das Raumschiff steht in der anderen Richtung", sagte Sigur.
„Wenn sie uns kriegen, haben wir die Polizei am Hals", entgegnete Paula. „Beeilt euch!"
„Was ist das, Polizei?", fragte der kleine Astronaut.
„Äh, es ist jetzt egal. Das kann ich nicht so schnell erklären. Jedenfalls wird euch die Polizei viele Fragen

stellen, weil ihr so komisch ausseht. Los! Max und Alex sind schon fast hier."
Die drei rannten und rannten, aber sie konnten die Jungs einfach nicht abschütteln. Sigur schwitzte schrecklich in seinem Raumanzug. „Ich kann nicht mehr", japste er.
Da blieb der kleine Astronaut stehen.
„Was ist?", fragte Paula.
„Ich kann Sigur nicht im Stich lassen. Er ist mein Kater, er ist es nicht gewohnt zu laufen."
Paula stützte sich keuchend mit den Händen auf ihre Knie. „Ihr könnt mir nicht erzählen, dass bei euch dort oben alle gut sind. Überall gibt es Hunde, die Katzen jagen."
„Bei uns nicht", erklärte Sigur, der nach Luft schnappte. „Bei uns hat alles seine Ordnung."
„Bei uns auch", unterbrach ihn Alex. Die Jungs hatten die drei erreicht.
„Was sollen wir mit den Idioten machen, Alex?", mischte sich Max ein, der fast genauso kurze Haare auf dem Kopf hatte wie der kleine Astronaut. Nur trug er keinen Helm, sondern eine

Kappe, die er jetzt auszog und sich damit den Schweiß von der Stirn wischte.
„Die sind von einem anderen Planeten. Lasst sie in Ruhe“, erklärte Paula. „Sie haben euch nichts getan. Sie sind in friedlicher Absicht gekommen.“
„Na klar, und sie sind mit einem Raumschiff hier.“
„So ist es“, sagte der kleine Astronaut.
„Dann führt uns zu dem Ding. Ich will eine Runde damit drehen und Sterne kitzeln“, mischte sich Alex spöttisch ein. „Oder, Max?“, wandte er sich an seinen Freund.
„Na, klar. Ansonsten stampfen wir euch in Grund und Boden.“
„Ihr könnt unser Raumschiff ruhig sehen.“ Der kleine Astronaut hatte keine Angst vor den Jungs. Schließlich hatten sie ihm überhaupt nichts Böses getan. Außer dass sie ihm hinterhergelaufen waren. Das war etwas merkwürdig gewesen, aber ja eigentlich nichts Böses.
„Tu es nicht. Sie werden dein Raumschiff kaputtmachen oder sonst was damit anstellen.“
„Kapern heißt das“, konterte Alex.
„Na, was ist nun, ihr Idioten“, fuhr Max ungeduldig den kleinen Astronauten an. Viel mehr als das Wort

„Idioten“ schien er nicht sagen zu können. Als der kleine Astronaut ihn freundlich anlächelte, blaffte er: „Was grinst du so dämlich? Willst du mich für blöd verkaufen?“ Er packte den Astronauten am Helm.
„Lass ihn los“, sagte Paula, „sonst …“
„Was sonst?“
Jetzt wurde selbst Mops mutig und baute sich Auge in Auge vor Sigur auf. Er kläffte wie wild. Da nahm der kleine Astronaut Paula an die Hand und befahl: „Nimm Sigurs Pfote, halt sie fest.“ Er schaltete den Raketenantrieb am Raumanzug an und sie hoben ab. So flogen sie davon. Von unten hörten sie Alex noch rufen: „Wir finden euer Raumschiff! Verlasst euch drauf! Ihr entkommt uns nicht!“

8.
Und endlich das Meer

„Dort hinüber. Flieg bitte dorthin!“, rief Paula.
„Was ist da?“
„Das Meer. Das möchte ich euch zeigen.“
Jetzt begriff der kleine Astronaut. Die blaue Fläche, die sich an einigen Stellen wellte, war das Meer, von dem Sigur erzählt hatte. Sie wären fast darauf gelandet und darin ertrunken und hätten nicht mal gewusst, dass dies das Meer ist. Er steuerte also auf die letzte Häuserreihe zu, flog über den Deich und landete mit seinen beiden Freunden direkt am Strand. Da spielten Kinder, bauten Sandburgen, Pärchen schlenderten Hand in Hand. Ein paar Badegäste wunderten sich, als sie die drei heranfliegen sahen. Doch am Meer sind ungewöhnliche Dinge normal: Menschen lassen sich mit Booten an einem Fallschirm in die Luft ziehen, laufen auf dem Wasser Ski oder reiten auf Brettern über die Wellen.
Sie landeten und der kleine Astronaut war begeistert. Nicht nur vom Anblick des unendlichen Blaus. Er konnte das Meer auch hören. Die Wellen, wie sie an Land liefen. Und er konnte das Meer sogar riechen.

Es roch „salzig“, so hatte Sigur es genannt. Die ganze Luft hier roch nach Meer. „Ist es nicht wunderbar?“ Der kleine Astronaut wollte am liebsten gleich ins Wasser laufen, um zu testen, wie es sich anfühlte.
Da sagte Paula: „Du musst deinen Anzug ausziehen, wenn du schwimmen willst.“
„Was ist schwimmen?“
„Geh einfach nicht zu weit hinein“, meinte Paula.
„Und lass den Anzug auf jeden Fall an“, riet ihm Sigur, dem das Meer nicht geheuer war. „Wer weiß, was für Wesen in diesem Meer leben.“
Der kleine Astronaut aber zog einfach seine Astronautenschuhe aus und ging auf die Wellen zu. Das Wasser kitzelte an den Zehen. Als er es in die Hand nehmen wollte, rann es zwischen seinen Fingern hindurch. Er versuchte es zu greifen.
Paula lachte. „Wasser kann man nicht festhalten.“
„Genau wie die Zeit“, sagte der kleine Astronaut und fragte: „Was kann das Meer noch?“ Mit diesen Worten setzte er sich neben seine neue Freundin. Sie berichtete von Strömungen, Stürmen, achtarmigen Kraken und Walfischen, die groß wie Raumschiffe waren. Und von ihren Eltern, mit denen sie manchmal aufs Meer hinaussegelte. „Ja, das Meer ist

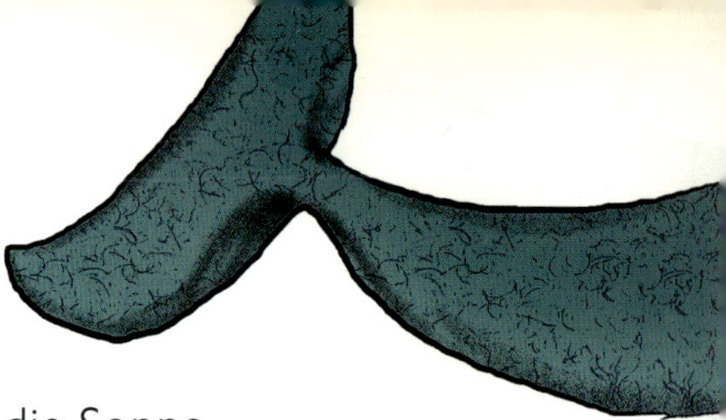

schön, und gleich wird es noch schöner. Passt auf.“

In diesem Moment ging die Sonne unter. Ganz langsam. Wie ein Feuerball leuchtete sie erst gelb, dann orange und schließlich rot am Horizont.

„Seht ihr, wie sie im Wasser versinkt. Ist es nicht schön?“, sagte Paula.

Der kleine Astronaut fand das überhaupt nicht schön, dass die Sonne ins Wasser fiel. „Ertrinkt sie?“

„Nein“, sagte Sigur. „Das sieht nur so aus. Sie ertrinkt nicht.“

„Woher weißt du das?“, wollte Paula wissen.

„Weil mich das hier an eine Zeit erinnert, als wir Katzen noch keine Raumanzüge trugen.“

Die beiden sahen ihn mit großen Augen an. Doch Sigur schwieg und schaute aufs Meer hinaus. Dort fuhren Schiffe vorbei, sie segelten in eine andere Welt.

Es dämmerte. Am Strand wurde es leer, die Leute packten ihre Badesachen zusammen.

„Ich bin müde“, sagte der kleine Astronaut.

„Dann ruht euch ein bisschen aus. Es ist noch warm“, meinte Paula. Kaum hatte sie das gesagt, schon hatte sich der Kater in den Sand gekuschelt und schnarchte. Der kleine Astronaut nickte einfach im Sitzen kopfüber ein, so müde war er.

Paula sah ihn sich genau an. Er saß da wie ein ganz normaler Junge, aber er war kein normaler Junge, er war ein Astronaut von einem fremden Planeten. Das wusste sie. Seine Augen bewegten sich unter den Lidern, so als würde er im Schlaf etwas beobachten, etwas Schreckliches.

9.
Alex, Max und Mops kapern das Raumschiff

Alex und Max durchkämmten die halbe Stadt nach dem Raumschiff, sahen in jeden Vorgarten und in jede Garage, die offen stand. Sie wollten gerade aufgeben, als Alex sagte: „Lasst uns logisch vorgehen."
„Was heißt das?"
„Wo hat sich Paula zum ersten Mal so merkwürdig verhalten?"
So als habe Mops die Frage verstanden, marschierte er schnurstracks zum Bolzplatz und führte die Jungs auf das Gebüsch zu. Dort hatten sie heute Mittag den Fußball hingekickt und Paula hatte da nach ihm gesucht.
„Brav, Mops. Du bist ein kluger Hund." Alex streichelte ihm über den Kopf.
„Aber hier ist nichts", sagte Max.
„Glaubst du, so ein Raumschiff passt hinter einen Busch? Du bist ja noch bescheuerter, als ich gedacht habe."
Max hörte nicht hin.

„Vielleicht steht es auf der Wiese hinter dem Wald? Lass uns hoch laufen."
Endlich fanden sie das Schiff. Es glänzte grün und blau im Mondlicht.
Alex riss die Augen auf. „Ich fass es nicht. Der Typ ist tatsächlich von einem anderen Stern." Mops kläffte aufgeregt.
„Ich frag mich nur, wie wir da rein kommen?" Max kratzte sich ratlos am Kopf. Alex hatte auch keine Idee. Dafür Mops. Er sprang mit seiner Schnauze gegen einen versteckt liegenden Knopf unter dem Bug des Raumschiffs.
„Poh." Max verschlug es den Atem. Es war genau so, wie er sich das Innere eines Raumschiffs vorgestellt hatte – glatte weiße und silberne Flächen und im Cockpit, in das sie jetzt stiegen, gab es Hunderte von Knöpfen und Hebeln, kleine Schalter und Bildschirme – mehr als in jedem Flugzeug.
„Willkommen an Bord", sagte eine klare freundliche Stimme.
Die Jungs zuckten zusammen.
„Hallo. Ist da wer?", fragte Alex kleinlaut.
„Ich bin der Bordcomputer. Wohin möchten Sie fliegen?"

„Äh, nach China."
„China haben wir nicht im Programm. Ist dies ein Planet oder ein Stern?", wollte die Computerstimme wissen.
„Dann eben zum Mond", befahl Alex.
„Sie meinen damit den Trabanten Ihres Planeten, auf dem wir uns zurzeit befinden?"
„Kann sein, du Idiot."
„Idiot haben wir nicht im Programm. Ist dies ein Planet oder ein Stern?"
„Ach, egal, flieg los."
Daraufhin schloss sich die Einstiegsklappe und das Raumschiff hob ab. Mops erschrak und bellte noch heftiger. Er bellte sich vor Angst die Seele aus dem Leib.
Der kleine Astronaut konnte ihn bis an den Strand in seinem Kopf hören und sah das Raumschiff, wie es

davonflog. Er schlug die Augen auf und rief erschrocken: „Der Mond!“ Er blickte in den sternklaren Himmel, wo der Erdtrabant leuchtete: schmal und gebogen wie ein abgeknipster Fingernagel und trotzdem strahlend hell. Dorthin wollten Max, Alex und Mops mit seinem Raumschiff. Das durfte nicht sein!

10.
Wenn einer etwas erlebt, dann hat er was zu träumen

Der kleine Astronaut rüttelte Sigur wach.
„Was ist los?“
„Die Jungs haben unser Raumschiff gekapert.“
„Woher weißt du das?“
„Ich weiß es eben.“
Sigur konnte es nicht glauben. Er fragte: „Wo ist überhaupt Paula? Eben war sie noch bei uns am Strand.“
Da rief sie von weitem: „Hier bin ich! Oben auf dem Deich!“, und lief den beiden entgegen.
„Wir müssen zum Raumschiff! Es ist etwas Schreckliches passiert.“ Der kleine Astronaut schaltete den Raketenantrieb an, nahm Paula an der Hand, und die nahm Sigur an der Pfote. Die drei düsten los.
Die Straßen mit ihren Laternen waren beleuchtet wie Landebahnen. Paula hatte ihr Haus noch nie von oben gesehen. Es sah aus wie ein beleuchtetes Spielzeughaus auf der Modelleisenbahn von Max, die er im Keller hatte. Paula dachte an ihre Eltern. Wenn sie das rote Dach von ihrem Haus mit zwei Fingern

abnehmen könnte, so würde sie sicher Mama und Papa sehen können, wie sie gerade auf der Couch saßen. Der Fernseher würde laufen und Mama würde fragen: „Wo bleibt Paula? Es ist schon dunkel." Ab und zu würde Papa sagen: „Wie spät ist es eigentlich?", um dann selbst auf seine Armbanduhr zu sehen. Wenn er aber nun auf die Terrasse treten würde, so könnte er Paula hier oben sehen, wie sie mitten in der Nacht durch die Luft flog und das größte Abenteuer ihres Lebens erlebte.

„Jetzt ist das All wieder da." Der kleine Astronaut deutete auf den Sternenhimmel über sich.

„Wieso? Die Sterne waren den ganzen Tag über da", sagte Paula. „Nein", widersprach Sigur. „Alles war blau dort oben."

„Ach so, das meinst du. Tagsüber blendet uns die Sonne", erklärte Paula. „Deshalb können wir nur in der Nacht durch den Himmel ins All sehen."

Der kleine Astronaut aber hatte nur Angst. Sie flogen über den Wald und Sigur rief: „Da hinten, da steht das Raumschiff! Siehst du? Es ist noch da. Wir können nach Hause fliegen."

„Ich hätte schwören können, es ist weg", sagte der kleine Astronaut, und sie landeten auf der Wiese.

„Wie kommst du eigentlich darauf?"
„Ich habe es selbst gesehen, Paula. Ich hatte die Augen zu und gesehen, wie Alex, Max und ihr Mops in mein Schiff gestiegen sind."
„Du hast nur geträumt."
„Geträumt? Was ist das?"
„Wenn man die Dinge des Tages weiterdenkt. Wenn man schläft und die Phantasie mit einem spielt. Das ist träumen."
„Wir träumen nie."
„Ich träume immer", sagte Paula. „Am Tag passiert so viel, da muss ich in der Nacht einfach träumen."
Der kleine Astronaut überlegte. „Wenn also einer am Tag Abenteuer erlebt, träumt er nachts?"
Paula nickte.
„Schon möglich", sagte Sigur. „Aber jetzt sollten wir wirklich weg, ehe uns noch jemand entdeckt und wir Ärger bekommen."
Paula nahm den kleinen Astronauten in den Arm. Sie konnte die Tränen nicht zurückhalten. Tränen kannte der kleine Astronaut nicht. Er musste nie weinen, denn meistens ging es ihm gut. Doch jetzt war ihm selbst ganz traurig zumute.
„Du riechst so schön", sagte er zu Paula.

„Es ist das Salz vom Meer in meinen Haaren“, sagte sie.
Für einen Augenblick sah er das Meer vor seinem Auge. Der Wind war warm und Paulas Herz schlug heftig. Der kleine Astronaut spürte ein Kribbeln im Bauch.
„Komm jetzt“, sagte Sigur sanft zu ihm. „Wir müssen los, bevor hier noch mehr schiefgeht.“

11.
Das Ende ist immer ein Anfang

Mit etwas Glück und weil Sigur stets eine gute Nase für den richtigen Weg hatte, fanden sie zurück in ihre Galaxie. Schon von weitem erkannte der kleine Astronaut seine Eltern. Sie saßen wie immer auf ihrer Bank. Als sie ihn sahen, winkten sie und freuten sich. Alles war wie früher und das war schön für sie.
Der kleine Astronaut flog dreimal um seinen Planeten, als kreiste er um die Apfelsinen in der Obstschüssel von Paulas Eltern, und setzte auf. Dann düste er dreimal um die Raumstation, und hüpfte mit einem Satz hinein. Er stopfte sich alle 198 Pillen nacheinander in den Mund, die der Tisch in den vergangenen 33 Tagen ausgespuckt hatte. Sie schmeckten wie immer nach nichts, lagen nicht einmal schwer im Magen und gaben keinen Ton von sich.

„Na, bist du glücklich, wieder zu Hause zu sein?“, fragte der Kater. Sie standen in der Schlafkabine am Fenster. Sigur sah den Astronauten von der Seite an. In seinen Augen spiegelten sich die Sterne und die Erinnerung an den Mond, die Erde und an Paula.
„Sicher“, sagte der kleine Astronaut. „Ich bin ja hier zu Hause und liebe meine Eltern. Nur Paula, die würde ich gerne irgendwann einmal wiedersehen. Und du?“
Sigur dachte an das Meerschweinchen und lächelte. „Ich vermisse Samson.“
„Also wirst du wieder mitkommen, wenn ich Abenteuer suche.“
„Heute nicht mehr. Ich bin zu müde und für ein paar Nächte voller Träume reichen unsere Abenteuer sicher aus.“
„Und überüberübermorgen? Kommst du dann mit?“
„Natürlich. Ich bin schließlich dein Kater.“
Daraufhin gingen die beiden zu Bett. Der kleine Astronaut drehte sich zur Seite und sah hinaus ins All. Aber er konnte nicht einschlafen. Er grübelte, bis er schließlich eine Idee hatte. Er lief zurück in sein Raumschiff und holte das Fernrohr.

„Was machst du?“, gähnte Sigur, als der kleine Astronaut wieder in die Schlafkabine kam.
„Ich will etwas ausprobieren.“ Der kleine Astronaut ging zum Fenster. Er zog das Fernrohr viel weiter aus als sonst.
„Und was siehst du?“
„Einen blauen Planeten und eine kleine Stadt. Da steht ein Mädchen am Fenster und guckt durch ihr Fernrohr zu mir.“
„Ist es Paula?“, fragte Sigur.
Der kleine Astronaut stellte sein Fernrohr scharf. „Ja, sie ist es. Und ich glaube, dass ihr Haar noch nach Meer riecht. Ganz sicher.“